Jules Jamin

L'Éclairage électrique

Et les principes généraux de l'éclairage des villes

ISBN : 978-1722469689

10 9 8 7 6 5 4 3 2 1

Jules Jamin

L'Éclairage électrique

Et les principes généraux de l'éclairage des villes

Table de Matières

Introduction

Quatorze ans après la découverte de Volta, vers 1813, un des plus illustres chimistes de l'Angleterre, Humphry Davy, fit une expérience mémorable. Il prit deux charbons rouges, les éteignit sous le mercure et, les ayant taillés en pointe, il les mit en contact et fit passer entre eux le courant d'une pile : les deux pointes s'échauffèrent ; il les écarta, et il vit se produire entre elles une flamme légèrement convexe qu'il nomma l'*arc électrique*. Elle avait un éclat comparable à celui du soleil, une température si élevée que le platine y fondait comme de la cire, et que le fer y brûlait en projetant des étincelles. Cet arc se formait dans le vide aussi bien que dans l'air ; on pouvait l'agrandir jusqu'à 10 centimètres en reculant les conducteurs, après quoi il s'éteignait et ne pouvait être rallumé qu'en remettant les charbons en contact. C'était une expérience très belle, mais très coûteuse, car la pile était énorme en surface et comptait 2,000 éléments. Aussi Davy ne songea pas un instant à en faire le principe d'un nouvel éclairage. Cette idée ne pouvait venir et se réaliser qu'après de nombreux progrès dans l'art d'engendrer l'électricité. Ces progrès sont loin d'avoir atteint leur terme, mais ils sont assez avancés pour donner à la lumière électrique une place et même la première place dans l'éclairage de luxe. Ce qu'elle avait de trop vif dans son éclat a été adouci ; on a corrigé la crudité de sa couleur, et l'invention récente de M. Jablochkof lui a donné la fixité qui lui avait jusqu'à présent fait défaut. Adoptée déjà dans plusieurs lieux de réunion, elle y a apporté une illumination splendide, inoffensive et agréable d'aspect. Au mérite d'un ri éclat incomparable elle ajoute celui d'une économie inespérée ; Toutes ces qualités nous amènent à expliquer dans cette étude les procédés qui servent à la produire et les règles qu'il est nécessaire de suivre quand on veut l'utiliser.

Section I

Il est toujours difficile de donner sans figures une description intelligible des appareils compliqués de la physique, et d'autre part le lecteur qui veut la comprendre doit s'imposer un sérieux effort d'attention. Je tâcherai de diminuer cet effort en supprimant tout détail.

Les physiciens ont d'abord cherché à perfectionner la pile de Volta. Becquerel père a imaginé les piles à deux liquides, que Grove, Daniell et Bunsen ont perfectionnées et agrandies et qui ont acquis une énergie très supérieure à celle des piles qu'employait Davy. Mais elles ne donnent le courant qu'au prix d'une quantité considérable de zinc qui se dissout dans les acides, elles coûtent très cher, elles répandent des vapeurs qui pénètrent partout, attaquent tout, et que l'homme rie peut respirer sans les plus graves dangers. C'est l'instrument le moins propre à être introduit dans les habitations. On y a renoncé.

On s'est heureusement tourné d'un autre côté. L'illustre Faraday a découvert que, si on approche brusquement d'un aimant un fil de cuivre isolé, enroulé sur un noyau de fer, on y développe aussitôt un courant électrique très intense, mais de durée très courte, qu'on a nommé *courant d'induction commençante*. Si on éloigne ensuite brusquement le noyau de fer, on fait naître un deuxième courant d'induction dite *finissante*, inverse du premier, d'aussi courte durée, et d'intensité encore plus grande. Bientôt après cette découverte capitale, Pixii et Clarke imaginèrent les premiers électro-moteurs. Celui de Clarke consiste en un électro-aimant qu'on fait tourner rapidement, et dont les deux extrémités passent à chaque demi-tour tout près des pôles d'un aimant fixe. Toutes les fois qu'elles s'en approchent, il s'y produit un courant d'induction commençante, et il en naît un autre d'induction finissante, contraire au premier, quand elles s'éloignent. Ces alternatives se reproduisent à chaque demi-tour, et l'on obtient, avec une rotation rapide, une énorme quantité d'électricité parcourant les fils dans des directions alternativement opposées.

Un professeur belge, nommé Nollet, eut l'idée d'agrandir la machine de Clarke. Il distribua sur une roue tournante quatre-vingt-seize bobines à noyau de fer, passant à chaque tour devant quatre-vingt-seize aimants fixes, et développant chacune quatre-vingt-seize courants doubles qu'on recueille dans un circuit commun. Avec cet appareil, Nollet espérait décomposer l'eau et employer à l'éclairage les gaz provenant de cette décomposition. C'était un projet insensé, on le vit bientôt ; mais il se trouva heureusement que ces courants successifs et inverses, lancés entre deux charbons, y allumaient l'arc électrique, que la lumière en était considérable, et que la dépense se réduisait à l'emploi d'une machine à vapeur pour faire mouvoir l'appareil. M. Reynaud, alors directeur des phares, n'hésita point à employer cette lumière électrique pour l'éclairage des côtes, et il y trouva à la fois de l'économie, une plus grande portée et surtout un éclat de lumière incomparablement supérieur. D'autre part, une compagnie industrielle (l'Alliance) se forma pour exploiter le brevet de Nollet, et, grâce à l'intelligence d'un mécanicien fort habile, M. van Malderen, elle put construire un nombre considérable de machines excellentes qui ont aujourd'hui fait leurs preuves de constance et de durée. On ne peut leur reprocher que le prix excessif auquel on les maintient malgré l'expiration du brevet, et aussi la faiblesse des aimants permanents qui entrent dans leur construction. Ce n'est point ici le lieu de décrire toutes les machines qui ont été imaginées dans le même dessein ; je passe donc sous silence celles de MM. Siemens, Wilde et Ladd, pour arriver à la plus originale de toutes, celle de M. Gramme.

M. Gramme est presque Français, étant originaire du duché de Luxembourg. Il ne se tiendra point pour offensé si je rappelle qu'il était, il y a peu d'années, un simple ouvrier, à la vérité fort instruit et très préoccupé de l'électricité. Il inventa tout d'abord un régulateur, puis la machine qui porte son nom. Je fus le premier confident de ses projets et son parrain devant l'Académie des sciences. Il a reçu depuis la récompense de ses travaux et s'est élevé bien vite, de la modeste situation qu'il occupait, jusqu'à la réputation, jusqu'à la fortune, jusqu'à la Légion d'honneur. Je vais essayer de donner l'idée de son appareil. Que l'on se figure un anneau de fer ficelé sur tout son contour par un fil de cuivre isolé, continu. On fait tourner cet anneau autour de son axe, entre les pôles opposés d'un aimant ; deux courants électriques se développent en même temps dans les tours voisins des pôles, et tous les deux viennent aboutie aux parties de la spirale placées en croix avec ces pôles. C'est là qu'on les recueille dans un sens qui est toujours le même ; de sorte que la machine est une pile véritable dont la puissance déjà très grande peut encore être augmentée en profitant d'une remarque due à Wheatstone. On remplace l'aimant permanent par un électro-aimant entouré de fils, dont le magnétisme permanent est très faible, mais qui est susceptible de prendre une aimantation temporaire énorme par le passage d'un courant dans le fil dont il est enveloppé. On commence par mettre la roue en mouvement, le magnétisme permanent de l'aimant y fait naître un courant d'induction qui est faible ; on le fait passer dans le fil de l'électro-aimant, celui-ci reçoit alors une aimantation plus grande et développe un courant induit plus fort. De cette façon, le courant et l'aimantation s'exagèrent tous les deux par leur réaction réciproque, jusqu'à atteindre tous deux une limite de puissance, et la machine un maximum d'électricité.

Un autre inventeur français, M. Lontin, a fait usage d'un principe différent et non moins fécond. Il compose sa machine de deux parties : l'une dite *amorceur*, l'autre analogue à l'appareil Nollet, avec cette différence que les aimants fixes sont remplacés par des fers doux entourés de fils ; de sorte que, si on faisait passer un courant dans ces fils, il transformait les fers doux en aimants beaucoup plus énergiques que ceux de la machine Nollet, et bien plus aptes à engendrer l'électricité qu'on cherche à obtenir. Or l'amorceur est précisément chargé de développer un premier courant et d'aimanter les fers doux. La machine Lontin est susceptible d'une puissance indéfinie, il suffit d'augmenter le nombre et l'étendue des bobines induites et des électro-aimants pour accroître le nombre et la force des courants ; elle peut allumer à la fois plusieurs lampes, soit dans le même courant, soit dans des conduits différents.

L'invention de ces belles machines ne résout qu'une partie du problème ; elles fournissent l'électricité, il faut maintenant la diriger entre les deux charbons de Davy. Or ces charbons s'usent à la fois parce qu'ils brûlent et parce que le passage du courant transporte leur matière d'un pôle à l'autre, d'où il suit que la distance des pointes augmente peu à peu, et l'arc s'éteindrait bientôt, si l'on n'avait, un moyen de les rapprocher continuellement pour compenser l'usure. Cela exige un appareil, un régulateur mécanique. Il est peu de problèmes qui se soient imposés avec une nécessité aussi impérieuse, il n'en est point qui aient provoqué des solutions plus nombreuses. On compte une légion d'inventeurs : Dubosq, Foucault, Serrin, Carré, Gramme, Lontin, Archereau, etc., et il y en a autant à l'étranger qu'en France. Leurs appareils, délicats et précis comme des horloges, diffèrent par les détails, mais se rencontrent dans un principe commun que j'essaierai d'expliquer. Les deux charbons, fixés entre des pinces de métal, se rapprochent jusqu'au contact par l'effet d'un mécanisme à ressort. Aussitôt la lumière jaillit, et le courant passe ; mais dans son trajet il contourne une électro-aimant qui alors attire un levier, et le mouvement de ce levier, antagoniste du ressort, écarte les charbons pour développer l'arc. Cet arc vient-il à s'éteindre, l'action du levier cesse, celle du ressort recommence, les pointes se replacent en contact, et l'effet se reproduit.

Malgré tous les soins qu'on donne à la construction des régulateurs, il est évident que la solution qu'ils apportent est incomplète. Ils laissent les charbons en repos pendant que la distance des pointes augmente jusqu'à une limite déterminée. Pendant tout ce temps, le courant diminue et la lumière baisse ; puis tout à coup survient un rapprochement brusque qui produit dans le régime de la lumière une modification subite, plus ou moins profonde, et qui, renouvelée à de courts intervalles, nuit à la fixité de l'éclairage et a été jusqu'à présent un obstacle à l'emploi de l'électricité.

Toute lampe veut une mèche. Celle des régulateurs est composée de deux charbons qu'on ne peut préparer avec trop de soin et qui ont exigé presque autant d'essais que les appareils eux-mêmes. On les a d'abord taillés en longs crayons dans les dépôts durs qui s'accumulent au fond des cornues où l'on prépare le gaz d'éclairage ; puis on les a formés directement en comprimant du charbon pur sous la presse hydraulique. M. Edmond Carré a imaginé de les imbiber de sirop de sucre, de les faire cuire au rouge pour transformer ce sirop en charbon, qui remplit les interstices et augmenté la densité. Répétée plusieurs fois, cette opération a donné des crayons très régulièrement moulés, très durs, sonores et brillants comme des métaux. Enfin M. Reynier vient de les couvrir d'une couche de nickel, qui brûle difficilement à l'air, qui les préserve et en retarde la combustion jusqu'à l'extrémité même. Malgré toutes ces précautions, une lampe use 40 centimètres de charbon par heure, ce qui ne laisse pas d'être une dépense. Par l'histoire de tous ces essais, on voit à quel prix l'industrie achète les applications des sciences. Que de temps dépensé, que d'efforts accumulés pour vaincre les rébellions de la matière ! et, pour quelques succès rares, que d'illusions continuées, malgré l'évidence, jusqu'à l'absurde et quelquefois jusqu'à la folie ! Mais rien ne corrige les hommes de l'esprit d'invention.

Pendant que des mécaniciens cherchaient des régulateurs, un jeune officier russe, M. Jablochkof, trouvait le moyen de s'en passer. Venu à Paris pour travailler les applications scientifiques, il reçut l'hospitalité dans un atelier où elle n'est refusée à personne, chez M. Breguet, et là, après quelques essais, il imagina de placer côte à côte et verticalement deux crayons de charbon, séparés par une petite lame de plâtre et réunis à leur sommet par deux pointes. Le courant électrique entre par l'un d'eux, sort par l'autre et allume d'abord le sommet. Une fois mis en train, l'arc échauffe la partie supérieure du plâtre, la fond, la réduit enfumée et supprime par là, peu à peu et de haut en bas, l'obstacle qui séparait les-charbons. L'appareil s'use doucement et lentement, savoir, les charbons comme la mèche, le plâtre comme la cire d'une bougie. Tout marche avec la régularité la plus absolue, sans affaiblissement un redoublement d'éclat, avec autant de constance que la meilleure lampe. (Test ainsi que l'on finit presque toujours par trouver la solution simple après l'avoir cherchée par des chemins compliqués. À la vérité, la bougie Jablochkof offre le double inconvénient de ne point se rallumer quand elle a été une fois éteinte, et d'exiger l'emploi de machines à courants alternatifs ; mais elle rachète ces désavantages par sa simplicité et par cette circonstance qu'on en peut placer dans un circuit, à la suite l'une de l'autre, autant que le permet la force de la machine, ce qui facilite singulièrement les canalisations.

Section II

Il convient maintenant de faire une étude détaillée de la lumière électrique, et tout d'abord l'anatomie exacte de l'arc lui-même. Comme il est trop brillant pour que l'œil en supporte l'éclat, on le projette habituellement sur un écran blanc par le procédé de la lanterne magique, ce qui en donne une image fidèle, mais dont l'éclat s'est affaibli parce qu'elle est agrandie et que la lumière venue d'un seul côté se dissémine ensuite vers toutes les directions. On y distingue d'abord les deux charbons, très brillants à leurs pointes, refroidis et noirs un peu plus loin. C'est à ces pointes surtout qu'est la source de la lumière électrique, aussi blanche, aussi pure que celle du soleil. C'est une ardente fournaise incessamment agitée par de tumultueux mouvements, par une continuelle ébullition, par des gaz qui s'échappent, par des étincelles arrachées. Peu à peu la pointe positive, qui est la plus chaude et la plus brillante, diminue et s'amincit, pendant que l'extrémité négative grossit à vue d'œil. Il est clair que la matière enlevée de la première est transportée sur la seconde. En réalité et sans qu'on puisse l'expliquer, il se fait un double transport dans les deux sens à la fois, mais plus abondant du pôle positif au pôle négatif, ce qui doit tenir à la différence des températures. Enfin l'œil distingue, dans l'espace qui sépare les deux charbons, une lueur agitée, un gaz allumé, une flamme transparente : c'est l'arc, une lumière qui n'est pas blanche comme celle du soleil, mais d'une teinte spéciale, bleu violet. C'est elle qui donne à l'éclairage électrique la couleur qu'en lui reproche et qu'on peut toujours diminuer en resserrant les charbons. On ne pourra donner de ces phénomènes une explication complète que le jour où l'on connaîtra la constitution du courant électrique ; et, comme on n'en sait pas aujourd'hui le premier mot, force est de se contenter d'idées vagues. On admet que le courant électrique, une fois commencé par le contact des charbons, se continue, quand on les sépare, à travers leur vapeur qui sert de conducteur, vapeur formée par la température élevée, entraînée par le courant et illuminée pendant son trajet. Vient-elle à manquer, le courant s'arrête et tout s'éteint. Quant à cette immense température, c'est une loi physique que le courant électrique échauffe tous les corps qu'il traverse en raison de la résistance qu'ils lui opposent, et il est tout simple que, trouvant dans cette vapeur, en un espace restreint, une résistance immense, il y produise la plus haute température connue.

Quoi qu'il en soit de cette explication, prenons le phénomène en bloc, aussi bien dans les charbons que dans l'arc, et mesurons la quantité de lumière émise. Quand deux luminaires placés à la même distance éclairent également, on dit qu'ils sont égaux en quantité. Si, pour obtenir des éclairements égaux, il faut reculer l'un d'eux à une distance double, ce qui réduit son effet au quart, il vaudra quatre fois plus que l'autre ; s'il faut l'éloigner trois fois plus, on en conclura qu'il est neuf fois plus fort, et en général les quantités de lumière émises par deux luminaires sont en raison directe du carré des distances où il faut les mettre pour qu'ils éclairent également. On est convenu en outre de comparer tous les foyers à une lampe carcel de grand modèle qui brûle en une heure 42 grammes d'huile épurée de colza, et dès lors on dira, pour exprimer une quantité de lumière quelconque, qu'elle est égale à un, deux ou cent becs carcel. Ceci compris, cherchons la valeur d'un régulateur électrique. Parmi toutes les évaluations qui ont été publiées, je vais choisir celle qui me paraît la plus incontestable, ayant été effectuée par un de nos maîtres en mécanique appliquée, M. Tresca. L'appareil étudié par M. Tresca était une machine Gramme de grand modèle exécutant 1,000 tours à la minute. Il fut reconnu qu'avec cette vitesse elle donnait dans un régulateur Serrin une quantité de lumière équivalente à 1860 becs carcel. Ce nombre est énorme, si énorme qu'il dépasse la limite des comparaisons que notre esprit sache faire avec précision. On donne une idée plus exacte de cette immense production en disant, par exemple, que pour faire la même somme de lumière il faudrait brûler 78 kilogrammes d'huile, à peu près un hectolitre, en une heure, ou bien le volume de gaz d'éclairage contenu dans un ballon de 9 mètres de diamètre ; mais il ne faut pas croire que tous les éclairages électriques ont une aussi formidable puissance, tout dépend de la force des machines et de la vitesse qu'on leur donne. L'appareil de Nollet n'atteint pas plus de 250 becs carcel. Celui de M. Lontin permet de produire à la fois jusqu'à 16 courants qui peuvent chacun allumer un régulateur distinct valant environ 80 ou 100 becs ; enfin, avec la bougie Jablochkof, on descend aisément jusqu'à 50. On verra plus loin que cette limite peut encore être abaissée.

Mais ce n'est pas seulement au point de vue de la quantité qu'il faut comparer les diverses lumières. Accumulez autant de lampes que vous le voudrez, vous ne ferez jamais le rayonnement éblouissant de l'arc ou du soleil, il leur manquera toujours ce que l'on nomme l'*éclat*, qualité spéciale que nous allons chercher à définir. Si deux luminaires *de même étendue* envoient la même somme de lumière, ils ont le même éclat. Mais si l'un émet deux, trois ou cent fois autant de lumière que l'autre, on dit qu'il a deux, trois… cent fois autant d'éclat. On mesure donc l'éclat de divers foyers par la quantité de lumière qu'ils envoient à surface toujours égale. Par exemple l'éclat de la lune est inférieur à celui d'une bougie et incomparablement plus faible que celui du soleil. Pour augmenter la portée des phares, Fresnel a imaginé des lampes à mèches concentriques séparées par des intervalles où circule un courant d'air. On superpose jusqu'à 6 mèches, et l'on comprend que, celles du centre mêlant leur lumière à celles de l'extérieur, l'éclat total est augmenté. Il serait six fois égal à celui d'une mèche unique, si les flammes étaient transparentes ; mais M. Allard, dans un savant travail sur les phares, a prouvé qu'elles absorbent une partie des rayons qui cherchent à les traverser, et que l'éclat de 5 mèches n'est que trois fois celui d'une seule. Eh bien, M. Allard a reconnu que la lumière électrique est 255 fois aussi éclatante que 5 mèches de phare, et 600 fois autant qu'une seule, ce qui la place comme qualité incomparablement au-dessus de nos flammes les plus brillantes.

Comparons-la d'autre part au soleil, qui est la limite supérieure de tous les éclats connus. Cette comparaison peut être faite de deux façons, par le rapport des temps qu'il faut mettre pour avoir des images photographiques égales avec l'arc et avec le soleil, ou bien par la mesure directe des éclairements. MM. Fizeau et Foucault, par le premier procédé, trouvent que l'éclat du soleil n'est que deux fois et demie supérieur à celui de l'arc. Quant à la deuxième méthode, elle a prouvé que les charbons égalent l'éclat du soleil avec une machine énergique. C'est donc comme un fragment très petit de l'astre lumineux que les Titans modernes ont dérobé au ciel. Il est même probable qu'on dépassera cette limite, si ce n'est déjà fait ; et ce n'est point étonnant, si l'on considère que notre soleil n'occupe point le premier rang dans le monde. C'est un astre déjà vieilli, assez avancé dans son refroidissement et dont la lumière jaunâtre commence à se rapprocher de la couleur des flammes.

En résumé, comme quantité et qualité, la lumière électrique dépasse de beaucoup celles des flammes, et comme éclat elle approche ou même dépasse celui du soleil. Or c'est précisément cette immense profusion de pouvoir éclairant qu'on reproche à la lumière électrique. On se dit qu'elle est exagérée, qu'elle dépasse nos besoins, qu'elle embarrasse par son excès, qu'il faudrait la diviser, et l'on soutient qu'elle n'est pas divisible. Les gens qui tiennent aux vieilles habitudes, que le progrès effraie par instinct, et ces gens sont nombreux dans notre pays, ne voient dans cette splendeur et dans cet éclat qu'un nouveau motif de répulsion. « Quand vous regardez la lumière électrique, disent-ils, vous voyez tout autour comme les rayons divergents d'une auréole céleste ; puis, après la contemplation de ce point lumineux, il reste dans la vue des taches de toutes couleurs qui semblent se promener dans l'espace ; on n'y échappe point en fermant les yeux, c'est une véritable cécité, momentanée sans doute, mais il n'est pas sans exemple qu'elle ne devienne éternelle. L'un des plus éminents physiciens de la Belgique, M. Plateau, a payé par la perte totale de la vue les observations qu'il a trop longtemps continuées sur ces couleurs accidentelles. » J'accorde tout cela ; la lumière électrique a les mêmes dangers que celle du soleil : il faut s'éclairer par elle, il ne faut point la regarder. Est-il bien certain d'ailleurs qu'on ne puisse ni diviser la lumière électrique ni réduire son éclat jusqu'à le rendre tolérable ? C'est ce que nous allons voir.

Pour ce qui est de l'éclat, rien n'est plus facile que de le réduire autant qu'on le veut ; il suffit de couvrir la flamme avec un gros globe opalescent. Celui-ci la cache, reçoit tous les rayons qu'elle émettait et les disperse absolument comme s'il était lumineux lui-même. Il ne fait rien que se substituer à la source première, mais en l'agrandissant, et s'il est dix mille fois plus étendu qu'elle, il réduit son éclat au dix-millième ; comme rien ne limite sa grosseur, rien ne limitera cette réduction, qu'on peut continuer jusqu'à satisfaire les rétines les plus susceptibles. A la vérité, ce procédé absorbe et anéantit une notable portion de la lumière émise ; mais, quand on est riche, il ne faut pas regarder à la dépense, et un peu de prodigalité ne messied pas.

Voyons maintenant ce qui concerne la divisibilité de l'arc. Il y a longtemps que M. Le Roux a imaginé un mode de division fort ingénieux qui consiste à diriger alternativement le courant d'abord vers un premier régulateur, ensuite vers un second, de manière à éteindre l'un quand on allume l'autre, et lorsque la durée de ces alternatives est réduite au vingt-cinquième d'une seconde, les extinctions cessent d'être sensibles, et chaque lampe paraît émettre une lumière continue. Les bougies Jablochkof, quand on diminue la grosseur et la distance des deux charbons, permettent une vision plus grande encore, jusqu'à 50 becs, et comme on peut les placer en succession dans le même circuit, on pourrait remplacer les 1,860 becs de M. Tresca par 37 lumières distinctes réparties en divers points d'un même circuit, suivant les besoins de l'éclairage. Il y aurait de quoi entretenir toute la rampe d'un théâtre gigantesque.

Enfin l'on peut pousser la division beaucoup plus loin encore en profitant des nouvelles et remarquables expériences que vient de faire M. Jablochkof et que je vais décrire. M. Jablochkof prépare un immense condensateur électrique au moyen d'une étoffe de taffetas gommé garnie sur ses deux faces par une lame mince d'étain et repliée ensuite pour occuper peu d'espace. Chacune des deux lames métalliques est mise en rapport avec les deux rhéophores d'une machine à courants alternatifs ; elle offre aux deux électricités une grande surface où elles peuvent s'attirer, s'accumuler et se condenser jusqu'au moment où, le sens du courant changeant, elles disparaissent pour faire place à des électricités contraires qui subissent à leur tour la même condensation. Il est clair que ces phénomènes modifient profondément le régime de circulation électrique dans les fils, et l'expérience prouve qu'il en est ainsi. Quand on interrompt le fil de communication en un point, il s'y produit des étincelles brillantes jaillissant comme des traits de feu, enveloppées d'une flamme jaune fort lumineuse et accompagnées d'un ronflement sonore, sorte de son musical de même hauteur que le bruit de la machine : ce qui prouve que les intervalles périodiques de la production des étincelles sont les mêmes que ceux de la formation des courants. Cette expérience, une des plus brillantes qu'on puisse faire en électricité, où il y en a tant de brillantes, n'est point complètement expliquée et sera l'objet d'études ultérieures. Pour le moment, elle conduit à ce résultat pratique, le seul qui nous intéresse : c'est qu'en introduisant un condensateur dans le circuit, on peut doubler le nombre des bougies qu'il est capable d'entretenir ; mais la lumière de chaque bougie est réduite de la moitié, elles valaient cinquante becs, elles sont ramenées à vingt-cinq, et, puisqu'il y en a deux fois plus, tout se réduit à une plus grande division de l'éclairage. Il n'est point désirable d'aller au-delà, car, si l'éclairage électrique a quelque raison d'être adopté un jour, c'est à la condition d'être au moins vingt fois plus beau que celui des lampes.

On a cependant cherché à pousser la division plus loin encore en intercalant dans le circuit des fils de platine très fins qui rougissent et sont autant de petites lampes ; mais leur éclat est rouge et leur éclairement faible ; en voulant l'augmenter, on les fond. Un Anglais, M. Kind, a tenté de les remplacer par des charbons très déliés. Après bien des essais infructueux, on avait paru abandonner ce procédé ; on y est revenu depuis que M. Edmond Carré a réussi à préparer de véritables fils de charbon aussi minces que des fils de fer ; ils ne fondent pas, mais ils brûlent dans l'air, et, quand on a voulu les placer dans le vide, on a trouvé qu'ils se volatilisent. Il faut y renoncer. M. Jablochkof a fait une expérience bien meilleure : il fait passer les courants alternatifs dans le fil intérieur d'une machine de Ruhmkorff, ce qui donne dans le fil extérieur des courants induits également alternatifs, mais de tension plus grande, capables de se propager sur l'arête d'une feuille de kaolin, de l'illuminer et de maintenir autant qu'on le veut cette incandescence. C'est une belle expérience de physique ; nous ne lui croyons pas d'avenir pratique.

Section III

Tout le monde a remarqué que la lueur des becs de gaz paraît jaune orangé quand on les allume avant la nuit, il en est de même quand on la compare aux globes de lumière électrique qui brillent chaque soir près de l'Opéra ou devant les magasins de la Belle-Jardinière. L'œil est un organe si complaisant, et l'on s'est tellement habitué à cette couleur jaune de l'éclairage ancien, qu'on ne la lui reproche plus, tandis qu'on accuse d'être blafarde la lumière électrique, qui ressemble à celle du jour. Cette question mérite d'être traitée à fond. On sait depuis Newton que la lumière émise par les foyers est complexe ; elle est toujours composée d'un mélange de rayons qu'on nomme simples, que le prisme, sépare, étale et range, par ordre de déviations inégales, dans une image allongée que l'on nomme spectre. Ces rayons affectent différemment l'œil ; leurs teintes se suivent par dégradations insensibles, et harmonieuses en passant par sept types principaux qui sont le rouge, l'orangé, le jaune, le vert, le bleu, l'indigo et le violet. Ces couleurs simples sont les éléments de toutes les teintes possibles et des flux lumineux émis par tous les luminaires possibles. Mais il s'en faut que ces luminaires les contiennent toutes et en égale proportion. Par exemple, l'arc électrique qui se produit entre lin métal tel que l'argent et un charbon ne contient que deux bandes vertes, et si on remplace l'argent par d'autres métaux, le spectre obtenu est toujours formé par des traits brillants épars que séparent de larges espaces obscurs. Ces lumières sont donc très incomplètes et ne pourraient en aucun cas servir à l'éclairage.

Voyons maintenant les flammes de l'huile ou du gaz. Elles se résolvent en un spectre continu ; le rouge, l'orangé et le jaune y sont très abondants ; il y a peu de vert, presque point de bleu, il n'y a pas de violet ou presque pas. Ces flammes sont donc riches en couleurs peu réfrangibles, ce qui leur donne la teinte orangée, pauvres en rayons très déviés, et privées d'indigo et de violet. On pourrait leur enlever ce qu'elles ont de trop, le rouge ; il est impossible de leur ajouter l'indigo et le violet, qui leur manquent ; elles pèchent par défaut, c'est la cause de leur infériorité.

La lumière électrique est plus complexe ; elle vient à la fois des charbons et de l'arc et diffère suivant l'une ou l'autre de ces deux origines. Celle qui vient des charbons est blanche ; elle est absolument la même que la lumière du soleil et contient tous les rayons simples dans les mêmes proportions. Elle est complète et parfaite, elle remplace l'éclairage du jour sans le modifier en rien. Il n'en est pas de même de celle que l'arc envoie ; elle est bleu violet, et son spectre, porté tout entier vers les couleurs les plus réfrangibles, est inverse de celui des lampes : il contient peu de rouge, beaucoup de bleu et un manifeste excès de violet. C'est la lumière de cet arc qui donne à l'éclairage électrique cette teinte bleuâtre un peu crue qu'on signale avec raison ; mais, s'il pèche, ce n'est point par défaut, c'est par excès. Or, si l'on ne peut pas ajouter à la lumière des lampes ce qui lui manque, on peut retrancher des rayons électriques ce qu'ils ont de trop.

Pour faire comprendre comment se fera cette correction, je me vois obligé d'entrer un peu plus profondément dans l'étude de l'optique. La lumière est le produit de vibrations qui se propagent avec une grande vitesse dans le milieu éthéré qui remplit le monde, comme le son est le produit de vibrations transmises par l'air. Notre œil les reçoit, les accuse et les apprécie, comme l'oreille fait des sons, et les couleurs diffèrent entre elles comme les notes de la musique.

Le rouge est, comme les sons graves, produit par les vibrations comparativement lentes ; le violet, comme les notes aiguës, résulte d'oscillations plus rapides, et ce qui complète l'analogie, c'est que l'œil cesse de voir les vibrations trop rapides ou trop lentes, comme l'oreille cesse d'entendre les notes trop aiguës ou trop graves ; mais ces vibrations extrêmes existent ; il y en a qui se dévient moins que le rouge, que notre œil ne voit pas ; il y en a qui s'étalent au-delà du violet, que nous ne percevons pas davantage. Les premières sont des rayons de chaleur, très abondantes dans le spectre des flammes, les dernières existent en très grande proportion dans la lumière de l'arc ; ce sont celles-là qu'il faut d'abord étudier, et faire disparaître ensuite.

On peut en constater l'existence de deux manières, la première en recevant le spectre de l'arc sur une feuille de verre préparée pour la photographie ; l'image se dessine très faiblement dans le rouge, et de mieux en mieux jusqu'au violet ; mais elle ne s'arrête pas là, elle se prolonge et s'accentue bien au delà, ce qui prouve l'existence de ces radiations ultra-violettes à vibrations très rapides que notre œil ne voit point, mais qui sont éminemment propres à donner l'impression photographique. Le second procédé mérite qu'on s'y arrête. Nous prenons une dissolution de sulfate de quinine, et avec un pinceau nous retendons sur le spectre du rouge au violet. Rien ne se produit dans le rouge ; mais à partir du bleu on voit apparaître sur la trace du pinceau une teinte blanchâtre, qui s'exagère dans le violet et qui devient encore plus vive dans les rayons qui dépassent le violet. Le sulfate de quinine a donc la propriété de changer les rayons bleus, violets et ultra-violets en lumière blanche, c'est-à-dire d'enlever à l'éclairage de l'arc les couleurs qui s'y trouvaient en excès, de les transformer en lumière blanche, et par là de rendre visibles et utilisables des radiations que l'œil ne saisissait pas, qui étaient inutiles et qui maintenant s'ajoutent par surcroît à celles qu'il percevait. Une simple infusion d'écorce de marronnier d'Inde peut remplacer le sulfate de quinine ; les verres d'urane et beaucoup d'autres matières agissent de la même façon et nous offrent le moyen facile de supprimer dans la lumière électrique la teinte et les rayons qu'on lui a si souvent reprochés. Cette suppression est nécessaire à d'autres égards. On prétend que ces rayons ultra-violets attaquent les humeurs de l'œil et sont l'origine de graves maladies.

Section IV

Je dois pourtant avouer que l'arc électrique a ses défauts, un surtout qui lui fermera bien des portes : il chante. Je veux dire qu'il fait entendre une note grave continue, comme le bourdonnement d'un essaim de mouches, comme les poteaux des télégraphes aériens, comme une harpe éolienne. Ce n'est point, si l'on veut, une note désagréable, mais il ne faudrait pas l'avoir toujours dans l'oreille. Ce qui la produit, c'est la succession des courants alternatifs. L'arc s'allume et s'éteint à chaque changement de direction avec un petit bruit à chaque fois. Périodiquement renouvelé à périodes égales, ce bruit devient un son : c'est le même que rend la machine, et quand on met les bougies dans les globes, ceux-ci forment des résonnateurs et exagèrent la note. La machine Gramme seule fournit une lumière silencieuse, parce qu'elle n'a point d'inversion dans le sens des courants. A côté de cet inconvénient dont on ne peut dissimuler la gravité, il faut dire à la décharge de l'arc électrique qu'il n'altère point la composition de l'atmosphère et ne développe point de chaleur.

Dans les flammes ordinaires, la production de lumière est un phénomène secondaire qui accompagne la combinaison chimique du combustible avec l'oxygène de l'air. Cette combinaison a le double inconvénient d'enlever à l'atmosphère la partie respirable et de la remplacer par de la vapeur d'eau et de l'acide carbonique. Ce dernier, bien qu'il ne soit pas aussi malfaisant qu'on l'avait cru, n'a cependant pas très bonne réputation, et ce qu'on peut dire de mieux en sa faveur, c'est qu'il ne tue pas. L'éclairage ancien a donc le grave inconvénient d'altérer l'air. Il n'en est pas de même du nouveau, qui n'est pour rien dans les changements de composition du milieu respirable. La combinaison chimique mérite encore un autre reproche. En même temps que la lumière, elle développe une telle chaleur qu'elle rend les ateliers inhabitables. L'arc électrique au contraire n'est pas chaud ; c'est une circonstance bien étonnante au premier abord. Puisque, suivant l'expression de Davy, le platine fond comme de la cire quand on l'introduit dans l'arc, il faut que la température y atteigne au moins 1,500 degrés. Il est certain qu'elle dépasse de beaucoup ce taux, car tous les corps connus se fondent ou se volatilisent ; suivant Despretz, le charbon lui-même se ramollit et coule dans l'arc d'une pile de 600 éléments. J'ai l'honneur d'être, à la Sorbonne, le successeur immédiat de Despretz, et quand j'ai pris possession du laboratoire d'où la mort venait de le chasser, j'ai trouvé, conservés sous un globe de verre, les précieux fragments de charbon qui avaient éprouvé cette fusion ; c'étaient des charbons obtenus par la calcination du sucre, contenant peut-être quelques restes de carbures d'hydrogène qui ont pu n'être pas sans influence sur le ramollissement de la masse ; si la question est résolue pour ces échantillons, elle ne l'est peut-être pas pour le charbon pur. Quoi qu'il en soit, l'expérience de Despretz prouve que la température de l'arc dépasse celle de tous les foyers connus, comme toute évaluation possible.

Quant à la température des flammes du gaz ou de l'huile, elle est beaucoup moins élevée, elle atteint à peine 800 ou 900 degrés : le platine n'y fond point, pas même le cuivre ni l'argent, et cependant il est démontré que l'éclairage au gaz échauffe infiniment plus que celui de l'électricité, que l'on peut maintenir sans l'allumer un morceau d'amadou à quelques centimètres de l'arc, pendant que le bois s'enflamme à la même distance d'une lampe. Comment se peut-il faire que cette lampe, dont la température est relativement basse ; rayonne autour d'elle tant de chaleur et si peu de lumière, pendant que l'arc, avec une température qui dépasse toute évaluation et deux mille fois plus de lumière, émet une si faible quantité de chaleur ? Il semble qu'il y ait sur ce point une contradiction des faits. En voici l'explication.

Quand ils ont été échauffés, les corps émettent des rayons qui ne sont jamais simples, mais un mélange de radiations qui se dévient inégalement à travers le prisme pour donner un spectre. Au-dessous de 100 degré, ce sont des rayons de chaleur obscurs, qui sont les moins réfrangibles ; au-dessus de 100 degrés, jusqu'à 500, ce sont des radiations encore obscures, mais se rapprochant du spectre visible ; à 525 degrés, on trouve, avec toutes les chaleurs obscures précédentes, un commencement de rayons visibles rouges. Peu à peu s'ajoutent, avec l'accroissement de la température, toutes les lumières du spectre : le violet apparaît vers 1,100 degrés, et les radiations chimiques invisibles se montrent ensuite ; le spectre se complète ainsi peu à peu, gagne du côté des rayons très déviés, mais perd en même temps du côté opposé, celui des chaleurs obscures. On peut dire que l'ensemble se compose de vibrations de plus en plus rapides ; c'est comme un instrument de musique qui rendrait des sons de plus en plus aigus. Or, en promenant un thermomètre très sensible dans les couleurs du spectre, on trouve que le violet ne l'échauffe point, que le vert commence à le faire, que l'effet thermométrique augmente en se rapprochant du rouge et continue de croître dans l'espace occupé après le rouge par les chaleurs obscures. D'où l'on voit que, la température des corps augmentant, la proportion des rayons calorifiques diminue tandis que celle des rayons exclusivement lumineux augmente, et que l'arc, qui est le plus chaud des foyers, émet la plus grande somme de lumière Avec la moindre proportion de chaleur.

Section V

Me tenant jusqu'à présent dans les limites des questions scientifiques, j'ai prouvé que la lumière électrique est incomparablement plus abondante, plus éclatante, plus complète et moins échauffante que celle des lampes. Il faut à présent aborder une question plus positive, celle du prix de revient, chercher ce qu'elle prend de force, ce qu'elle dépense d'argent. Toute production coûte ; rien ne naît de rien. Nous transformons en lumière le travail des machines à vapeur ; quels sont les frais de cette transformation ? Foucault fit un jour la célèbre et remarquable expérience qui suit. Au moyen d'une manivelle et par une série d'engrenages, il fit tourner un disque de métal entre les extrémités d'un électro-aimant qu'on pouvait laisser à l'état naturel, ou aimanter fortement par le passage du courant d'une pile : tant qu'il n'y avait point de magnétisme, le disque continuait sa rotation par la vitesse acquise ; il s'arrêtait tout à coup par l'aimantation du fer doux, et quand on voulait ensuite continuer le mouvement, il fallait peser sur la manivelle, vaincre une résistance et dépenser du travail ; c'est qu'alors on faisait naître des courants d'induction dans le disque, et qu'on ne peut les continuer sans faire cette dépense. J'ai dans mon laboratoire un moteur à gaz du système Hugon, dont la force est égale à trois chevaux, et qui est attelé à une machine Gramme ; il donne à cette machine, presque sans dépense, une vitesse de mille tours tant que les extrémités du circuit ne sont point réunies et qu'il n'y a pas de courant ; mais aussitôt qu'on ferme le circuit et que le courant passe, le moteur peine, s'alourdit, se ralentit ; on sent qu'une résistance considérable a été introduite dans le jeu des instruments. Avec un frein, il est facile de mesurer la dépense de travail ; elle est énorme quand le courant est fort, elle diminue quand il s'affaiblit, elle est nulle s'il cesse ; elle est, dans tous les cas, représentée par l'effet produit. La force vive s'est transformée en électricité, et l'on peut en inférer que cette chose si merveilleuse et si inconnue que l'on nomme électricité ne diffère pas du mouvement, qu'elle en est une forme spéciale accomplie dans la matière ou dans l'éther ; chose inconnue aujourd'hui comme l'est au voyageur la contrée dont il approche, qu'il verra le lendemain, et dont il devine déjà les contours lointains et les conditions générales. A son tour, cette forme du mouvement que nous avons nommée électricité subit une seconde transfiguration dans l'arc électrique pour devenir de la chaleur et de la lumière ; de sorte que, si l'on fait abstraction de l'acte intermédiaire pour ne considérer que les deux phénomènes extrêmes, on peut dire que le travail moteur est finalement représenté par des vibrations de l'éther, et que la force vive empruntée à la machine à vapeur se retrouve entière dans l'arc.

Il faut donc renoncer aux fluides électriques et à tout cet échafaudage d'hypothèses que nous ont léguées les physiciens du siècle dernier, pour ne demander l'explication des faits qu'aux seules lois de la mécanique : elles nous conduisent tout de suite, et comme vérification, aux conséquences suivantes. S'il est vrai que l'électricité qui circule dans le circuit d'une machine Gramme n'est qu'une forme nouvelle du travail qui lui a donné naissance, à son tour elle doit pouvoir, accomplissant la transformation inverse, se changer en travail moteur, et si on la dirige à travers la bobine d'une seconde machine Gramme à l'état de repos, elle doit la mettre en mouvement et lui faire exécuter le travail qui a été dépensé dans la première machine. C'est en effet ce que l'expérience vérifie, et, pour qu'il ne manque rien à cette vérification, on intercale dans le circuit un fil de platine très fin, qui rougit si on arrête le mouvement de la deuxième machine, et qui s'éteint si on le laisse se faire. Cela veut dire que le courant électrique peut à volonté se transformer ou en chaleur ou en mouvement, et qu'il ne fait à la fois qu'une seule de ces deux choses ; et cette remarquable expérience nous apprend qu'un jour peut-être il sera possible d'aller chercher dans un cours d'eau, dans la poussée des marées, dans la chute d'une cascade, un travail faisant tourner une machine Gramme, et le transmettre électriquement à Paris à une autre machine pour y produire son effet utile ; mais bien des causes s'opposent encore à la réalisation de ce rêve.

Cette digression, qu'il ne dépendait pas de moi d'éviter, nous ramène à la question. Si l'on demande combien coûte la lumière électrique, on répondra en disant à combien de chevaux-vapeur elle équivaut. Or les 1,860 becs de M. Tresca exigeaient environ 7 chevaux, ou 0ch.4 par 100 becs ; mais, quand on emploie une machine Gramme moins forte, ne produisant qu'une seule lumière de 100 becs, elle exige 1ch,5. Comme toutes les marchandises, la lumière est bon marché en gros, chère au détail. Et enfin si, arrivant à la question finale, on demande à combien de francs reviennent 100 becs, il suffira de dire qu'en moyenne, ils exigent un cheval, et de calculer ce que ce cheval coûte.

Cependant la question n'est pas aussi simple ; il faut ajouter le prix des appareils, l'intérêt des fonds engagés, l'amortissement, l'entretien, les frais de surveillance, les gages des agents, etc. ; c'est alors qu'intervient l'art de grouper les budgets et de dicter aux chiffres la réponse que l'on veut obtenir. M. Fontaine, dans un livre récemment publié, affirme qu'à égale quantité la lumière électrique coûte 75 francs moins cher que la bougie : M. Fontaine est électricien. J'ai sous les yeux, d'autre part, une brochure non signée dans laquelle il est prouvé que la lumière par l'électricité coûte 1 fr, 65 cent., quand elle revient par le gaz à 1 franc : cette brochure est extraite des *Annales des usines à gaz.* Dans les deux camps, on exagère, les uns voulant conquérir, les autres garder une situation. La vérité, la voici : la compagnie Lontin offre de fournir tous les appareils, tous les fils, toutes les lampes, dont elle garde la propriété, et de vendre à forfait la lumière à raison de 50 centimes par heure pour 100 becs, à la condition toutefois d'un marché passé pour un nombre déterminé d'années et de becs.

J'ai fait d'autre part une enquête officieuse, et l'un des propriétaires des magasins du Louvre m'a autorisé à dire que les appareils de la compagnie Denayrouse-Jablochkof, dont il a fait l'acquisition, lui donnent plus de lumière et 30 pour 100 d'économie sur le gaz.

Cela dit, il faut proclamer hautement que les deux éclairages ne sont point faits pour se nuire ou se faire concurrence. Rien dans le présent ni dans un prochain avenir ne peut menacer le gaz. Cette installation si merveilleuse et si complète, qui allume si vite et si bien nos rues avec cette petite veilleuse qu'on voit courir à la brune au bout d'un bâton, qui est partout présente et toujours prête, qui cuit le rôti et éclaire les convives, cette installation, dis-je, n'a de rivale et d'ennemie qu'elle-même, que le tarif élevé qu'a fixé pour son malheur et pour le nôtre un monopole regrettable. Elle a devant elle une immense proie à saisir, les maisons particulières à éclairer, les cuisines à chauffer et tout le système suranné des cheminées à remplacer. Voilà son avenir, et la compagnie du gaz peut être assurée que la lumière électrique ne l'y suivra pas. Que feront les quelques établissements de luxe que la nouvelle lumière va conquérir et garder ? Rien autre chose que créer un plus grand besoin de lumière, auquel le gaz devra satisfaire ; loin d'y perdre, il y va beaucoup gagner ; loin de s'en plaindre, il fera bien de s'en réjouir. La querelle est la même qu'entre les ascenseurs et les escaliers. Mais, d'un autre côté, l'électricité a conquis sa place, et la première ; comptez qu'elle ne reculera pas, que les préjugés s'effaceront, que les habitudes de décoration et de toilettes se conformeront à ses harmonies, qu'elles y gagneront, et que nos petits-neveux, qui l'emploieront et plus souvent et mieux, nous plaindront de ne pas l'avoir connue, comme nous plaignons nos devanciers qui ont ignoré le gaz. C'est le propre des grandes découvertes d'être repoussées dans leur nouveauté avant d'être reconnues comme des bienfaits,

Section VI

Je viens de plaider en avocat convaincu la cause de la lumière électrique. J'ai prouvé qu'au point de vue scientifique elle est incomparablement supérieure à toute autre par sa quantité, par son éclat, par sa qualité ; il faut dire maintenant comment elle peut s'appliquer à l'éclairage public ou privé. L'éclairage est un art, et comme ses conditions varient suivant les besoins, les règles auxquelles il doit se soumettre changent à l'infini. Examinons un petit nombre de cas bien définis.

Lorsqu'on veut éclairer les abords d'une côte, on bâtit non loin du rivage une tour élevée sur laquelle on allume chaque soir un fanal électrique. Avec le secours d'appareils d'optique réglés par les savants calculs de Fresnel, on ramène d'abord dans la direction de l'horizon tous les rayons qui se perdent vers le ciel ou vers la terre ; puis on découpe ce plan de lumière en huit faisceaux parallèles dirigés perpendiculairement aux côtés d'un octogone, ce qui fait huit faisceaux contenant chacun le huitième de la lumière totale ; enfin, par un mouvement régulier de rotation, on les promène dans l'espace, passant en revue l'un après l'autre tous les points de la mer et montrant le port par des éclairs rapides et réguliers à tous les vaisseaux qui ne sont point au-dessous de l'horizon. Dans ce cas particulier, tous les efforts de l'ingénieur tendent à augmenter l'éclat du foyer et à prévenir son affaiblissement en empêchant la dispersion de sa lumière ; mais on commettrait la plus grande faute si l'on voulait imiter ce système pour l'éclairage des rues, et lancer, suivant leur longueur, un faisceau concentré par des réflecteurs. On l'a essayé bien des fois, et l'on n'a réussi qu'à aveugler les passants, tout en projetant derrière eux des ombres allongées, noires comme des précipices ouverts. Un journal prétendu scientifique annonçait il y a quelques jours pour la centième fois qu'il était question de placer au sommet du Panthéon un colossal foyer électrique pour illuminer Paris tout entier ; c'est une idée insensée. Admettons qu'on réussisse à donner à ce foyer, la valeur de dix mille lampes carcel, ce qui est au-dessus de toute possibilité actuelle. A la distance de 100 mètres, sur la place même qui précède le monument, ce fanal ferait tout juste l'effet d'une seule lampe placée à 1 mètre, et il se réduirait au centième de cette lampe à 1 kilomètre. On ne peut donc rien espérer d'un luminaire unique, si puissant qu'on le suppose.

Mais il est des cas où la concentration de la lumière, en certains points, est le seul but qu'on veuille atteindre. Tout le monde a vu dans les ateliers de cordonnerie de gros globes de verre remplis d'eau, suspendus tout près de mauvaises lampes ; ils en reçoivent les rayons qu'ils dirigent et rassemblent en un foyer très vif sur les points où l'ouvrier travaille et où il concentre à la fois toute son attention et toute sa lumière. Peu lui importe en effet que les autres parties de l'atelier soient dans l'ombre, puisqu'il n'a aucun intérêt à les voir. Les mêmes besoins, les mêmes règles se retrouvent pour l'illumination d'une salle à manger. La lampe suspendue au-dessus et au milieu de la table, convenablement garnie de réflecteurs, rassemble toute sa lumière sur les cristaux, les ornements d'argenterie, sur la savante symétrie du service, sur les toilettes des convives, et nul ne s'inquiète de l'obscurité qui règne au derrière de sa chaise. Ce sont les mêmes dispositions pour un billard, pour une salle de lecture, et jusqu'à un certain point pour un atelier, où les ouvriers, sans se préoccuper ni du luminaire, ni des ombres, n'ont à regarder que les surfaces éclairées des objets qu'ils façonnent. Dans ces divers cas, il n'est besoin que d'un éclairage local et direct venu d'une seule direction, illuminant un seul côté des choses, laissant tout le reste dans la nuit.

Il n'en est plus ainsi pour les lieux de réunion, pour une salle de spectacle, pour un café, pour une gare, pour un salon, pour un magasin ; là il faut une illumination générale, venue de toutes les directions à la fois, éclairant toutes les faces des objets, détruisant toutes les ombres et pénétrant jusqu'aux derniers recoins. Pour expliquer complètement ce sujet, il est nécessaire de faire une dernière excursion dans le domaine de l'optique. Si l'on vient à lancer un faisceau de lumière solaire dans une chambre obscure sur une feuille de papier, elle est illuminée et devient visible de toute la partie de la salle placée en avant d'elle ; c'est comme si chacun de ses points s'allumait devenait un foyer lumineux. La physique explique ce phénomène en disant que les rayons qui touchent la feuille s'y réfléchissent et s'éparpillent dans tous les sens : on dit qu'ils sont *diffusés* ; ils viennent alors frapper tous les autres points de la salle, qui les diffusent à leur tour, de façon qu'ils voyagent dans tous les sens en s'affaiblissant à chaque diffusion nouvelle ; mais ils sont remplacés par d'autres qui rendent le phénomène permanent. Comment se fait-il maintenant que les mêmes rayons donnent à une étoffe teinte la couleur bleue, jaune ou rouge, au lieu de nous la montrer blanche comme une feuille de papier ? On ne peut résoudre cette question que par l'expérience ; à cet effet, nous étalons un spectre dans la chambre obscure et nous le recevons d'abord sur une surface blanche. Nous remarquons qu'elle diffuse en totalité toutes les couleurs simples, depuis le rouge jusqu'au violet, et, puisqu'elle dissémine en égale quantité toutes ces couleurs simples quand elles sont séparées, elle les dissémine de même quand elles sont réunies dans la lumière du soleil, et le mélange est blanc. Mais quand nous plaçons dans ce même spectre une étoffe rouge, elle nous paraît toute noire dans l'orangé, dans le jaune et jusqu'au violet ; elle se montre au contraire très brillante dans le rouge, — ce qui signifie que de toutes les couleurs simples elle fait deux parts, l'une exclusivement composée de rouge, qu'elle diffuse, l'autre contenant toutes les autres lumières, qu'elle absorbe ; d'où il suit qu'elle paraît rouge dans la lumière blanche. En résumé, les objets diffusent la lumière ; ils sont blancs quand ils éparpillent également tous les rayons simples ; ils sont rouges ou verts ou bleus quand, frappés par la lumière blanche, ils diffusent plus abondamment ces couleurs que les autres ; enfin ils sont noirs quand ils absorbent tout.

Il suit de là que la couleur des objets dépend essentiellement de la composition de la lumière qui les éclaire. Mettez dans un vase des étoupes imbibées d'alcool, jetez dessus une poignée de sel, vous obtiendrez une lumière qui ne contient que du jaune, et les objets éclairés par elle, ne pouvant diffuser que ce qu'ils reçoivent, seront jaunes : les figures, les étoffes, les porcelaines les plus brillantes, les tableaux, tout s'y montre jaune et noir. Si vous remplacez le sel par du sulfate de cuivre, la lumière sera bleue, et tous les objets seront bleus. Enfin, si vous appliquez ces principes à l'éclairage au gaz ou à l'huile, vous trouvez qu'il jette partout un excès de jaune orangé qui s'étend comme un glacis général sur tous les objets : le blanc devient jaune ; le jaune seul ne change point ; le bleu devient vert, et, quant aux corps violets, ils ne sont plus visibles, parce qu'il n'y a point de violet dans la lumière qu'ils reçoivent, et ils paraissent noirs. C'est bien pis encore pour les couleurs tendres, les roses par exemple, qui se confondent avec les jaunes pâles, et ces changements sont tels qu'avant de décider le choix d'une parure, les dames ont coutume d'étudier en plein jour, dans une salle obscure, l'effet des couleurs au gaz. N'est-ce point l'aveu des altérations que ces couleurs subissent, et qui s'étendent aux pierres précieuses elles-mêmes ? Les rubis ou les topazes du Brésil, qui sont rouges ou jaunes, gagnent en éclat, les pierres bleues y perdent. Tout le monde sait qu'aux lumières le saphir n'est plus rien qu'une sorte de verre noir, que les tentures bleues paraissent sombres, et que presque toutes les salles de spectacle sont garnies de papiers rouges pour, être mieux éclairées. Il faut toutes les complaisances de l'œil et les longues habitudes de notre éducation pour souffrir des éclairages aussi pauvres, aussi faux. Lorsqu'au milieu d'une salle éclairée au gaz on allume tout à coup plusieurs fanaux électriques, l'œil éprouve aussitôt une sorte de délivrance, et par l'effet du redoublement d'éclat, et par la perception subite de couleurs qui n'étaient point soupçonnées ; les délicatesses du teint, les harmonies de la couleur, les richesses du détail se révèlent à l'instant à la vue étonnée et charmée ; et par opposé, l'extinction subite de l'électricité ramène les spectateurs dans la nuit relative des éclairages antiques. Il n'y a point d'argument qui vaille cette épreuve.

Si l'on veut trouver les conditions d'un bon éclairage électrique, on ne peut mieux faire que d'étudier l'illumination des objets pendant le jour afin de la reproduire pendant la nuit. Quand le ciel est couvert, la lumière solaire franchit la couche des nuages comme elle franchirait un verre dépoli, et toute la voûte céleste, semblable à un immense plafond éclairant, rayonne de tous les points vers toutes les directions, vers le sol, les arbres, les édifices, vers tous les objets qui occupent la scène. A leur tour, ces objets diffusent dans tous les sens la lumière qui leur arrive, et de ce mouvement général résulte en chaque point un entre-croisement de rayons venus de partout et renvoyés partout, il y a comme une densité moyenne de lumière éparse et voyageuse : c'est *l'illumination générale*. Tout objet placé sur cette scène voit les parties qui l'entourent, parce qu'elles rayonnent vers lui, en même temps qu'il est vu de toutes parts parce qu'il rayonne vers tous les côtés. Les conditions de cette illumination varient à l'infini ; elle est verte dans les forêts parce que les feuilles diffusent du vert ; elle est rouge dans une salle tendue de draperies rouges ; elle a des teintes mixtes et des reflets quand il y a plusieurs luminaires de teint différente ; et, si le soleil est visible, il ajoute à l'illumination générale des rayons de direction constante sans que pour cela les ombres portées cessent d'être illuminées par la lumière éparse.

Tel est le modèle à suivre. Il faudra imiter d'abord l'immense luminaire céleste, et pour cela lancer sur les plafonds, sur les parois, sur le sol, la plus grande somme possible de rayons que la diffusion promènera ensuite à travers les espaces libres. Pour que la densité de lumière soit à peu près la même en tout point, il sera nécessaire de multiplier les luminaires, et comme leurs rayons directs affectent péniblement la rétine, il faudra diminuer l'éclat par l'interposition de verres dépolis additionnés de sulfate de quinine ou de substances fluorescentes afin de transformer les rayons violets et ultra-violets en lumière blanche. Enfin et surtout il faudra se calfeutrer pour éviter la dissipation des rayonnements.

C'est par les fenêtres que pénètre la lumière extérieure, c'est par elles que s'échappe et se perd l'éclairement nocturne. J'en ai tout récemment fait l'épreuve à mes dépens. Ayant demandé à M. Jablochkof un éclairage électrique pour le laboratoire de la Sorbonne, j'ai été fort surpris du peu d'effet qu'il y produisait. Ce laboratoire est couvert par un toit de verre par lequel il reçoit dans le jour un bel éclairage, et qui laissait sortir pendant la nuit toute la partie des rayons que les bougies électriques envoyaient vers lui, c'est-à-dire la bonne moitié. Perdus pour nous, ces rayons éclairaient tout autour les hautes murailles des maisons qui nous entourent et répandaient dans la cour extérieure une illumination inutile. Pareille chose arriva pendant un essai tenté l'an dernier au Palais de l'Industrie. On avait concentré toute la lumière dans six foyers électriques éloignés les uns des autres : c'était une première faute qu'on aurait évitée en distribuant un plus grand nombre de lampes moins fortes dans l'immense édifice. Enfin toute cette lumière, au lieu d'être ramenée vers les assistants par une diffusion bien combinée, s'échappait par l'immense coupole de verre pour se perdre dans le ciel sans profit aucun. L'effet fut médiocre non par la faute de l'électricité, mais par son mauvais emploi. Toute autre eût été l'expérience, si la coupole transparente avait été masquée par un vélum épais et blanc destiné à recueillir les trésors de lumière qui se perdaient avec une si désolante prodigalité.

La même chose arrive avec le gaz et arrivera avec l'électricité dans l'éclairage des places publiques. Toutes les lampes accumulées avec profusion sur la place de la Concorde dépensent inutilement vers le ciel la moitié de leur lumière. Un simple réflecteur la ramènerait sur le sol et doublerait l'éclairement. Il n'en est pas de même pour les rues. Les lanternes à gaz placées tout près des maisons leur communiquent une illumination générale qui revient à la rue. On peut en voir un bel exemple aux magasins de la Belle-Jardinière. Deux globes renfermant une bougie électrique illuminent la façade avec un succès complet. Je suivais il y a peu de jours le quai de la Monnaie, et par-dessus le Pont-Neuf je voyais éclairés comme en plein jour les détails d'architecture de ce palais industriel. Un peu à ma gauche, dans une déplorable obscurité, je distinguais comme une masse informe : c'était la colonnade du Louvre, et je ne pouvais retenir un vœu que je soumets avec humilité à nos édiles, de voir la lumière répandue sur ce somptueux édifice, quand elle est si aisée, si possible et qu'elle coûte si peu.

ISBN : 978-1722469689

www.ingramcontent.com/pod-product-compliance
Lightning Source LLC
Chambersburg PA
CBHW070932220526
45468CB00005B/1751